DISCUSSION

SUR LA

MEUNERIE-BOULANGERIE.

RÉPLIQUE

D'UN CONSOMMATEUR

AUX OBSERVATIONS DES SYNDICS

DES BOULANGERS DE LA BANLIEUE

SUR

LES NOUVEAUX PROJETS D'ALIMENTATION

du Département de la Seine, etc.

PAR

U.-J. BRASSEUR

Représentant pour Brevets d'invention et Affaires d'industrie, etc.

PRIX : 1 FRANC.

PARIS,

CHEZ L'AUTEUR, RUE PIGALLE, 35,

Bureau du Centre industriel

ET CHEZ TOUS LES LIBRAIRES.

1856

Paris. Imprimerie Pryve et Compagnie, rue J.-J.-Rousseau, 15.

DISCUSSION

SUR LA

MEUNERIE-BOULANGERIE.

RÉPLIQUE D'UN CONSOMMATEUR

aux Observations des Syndics des Boulangers de la Banlieue

SUR LES NOUVEAUX PROJETS

concernant

L'ALIMENTATION DU DÉPARTEMENT DE LA SEINE.

Un Mémoire adressé au Ministère de l'agriculture, du commerce et des travaux publics sous ce titre, nous apprend qu'une délibération de la Commission départementale de la Seine, en date du 8 octobre 1855, contient les passages suivants :

« Considérant que *les circonstances* EXIGENT, pour l'avenir, « des mesures qui, modérant autant que possible le *prix de* « *revient* du pain soumis à la taxe, diminuent d'autant l'écart « entre ce prix et le prix officiel et, partant, les avances à « la charge de la CAISSE ;

« Qu'il paraît possible de poursuivre simultanément ce « résultat par deux voies différentes : 1° la révision des

« bases de la taxe ; — 2° l'ÉCONOMIE DES FRAIS DE FABRICATION du pain ;

« La Commission émet le vœu :

« Qu'il soit pris des mesures à l'effet de diminuer sensiblement la différence qui existe entre le *prix de revient* du pain et le chiffre de vente établi par la taxe... »

Et le Syndicat, auteur de ce Mémoire, part de là pour déduire que « l'émission des vœux de cette délibération soulève trois questions qui peuvent se formuler ainsi :

« 1° Distraction au bénéfice de la Préfecture de la Seine des attributions de la Préfecture de police concernant la Boulangerie ;

« 2° Révision de la taxe ou réduction de la taxe ;

« 3° ÉCONOMIE DES FRAIS DE FABRICATION, c'est-à-dire (personne ne l'ignore) ETABLISSEMENT DE BOULANGERIES-MEUNERIES. »

Nous n'avons point à examiner l'opinion du Syndicat sur la première et la seconde question, c'est à la troisième seule que nous attachons de l'importance.

Voici, en conséquence, la partie du Mémoire portant sur ce point :

§ III.

DE L'ÉCONOMIE DES FRAIS DE FABRICATION.
BOULANGERIES-MEUNERIES.

C'est ici, nous avons du moins de bonnes raisons pour le croire, que se place le véritable terrain de la discussion.

Ce ne serait pas en effet une prétention sérieuse que celle

qui consisterait à économiser les frais de fabrication en employant les systèmes connus et expérimentés.

Les réflexions que nous avons faites à propos de la taxe, appuyées sur l'irrécusable autorité de la pratique, suffiraient, nous osons le croire, pour faire justice d'un tel projet et éclairer l'impartialité de M. le Ministre.

On veut donc donner suite au projet de réunir dans un même établissement, sous la main d'un seul industriel, la conversion du blé en farine et de la farine en pain?

Les établissements remplissant ce but prendraient le nom de *boulangeries-meuneries*.

Les boulangers qui ont déjà trop à faire pour exercer leur industrie laborieuse, deviendraient en outre meuniers. Obligés d'être constamment à leur boutique pour le service de la clientèle, ils devraient néanmoins parcourir les marchés et les pays de production pour y acheter le blé.

Première difficulté.

Tel est le projet.

Quel est son but ?

Quels moyens emploiera-t-on pour le réaliser ?

Ce sont là deux points que nous allons examiner.

Nous signalerons ensuite les difficultés insurmontables qu'il va créer, les inconvénients qui en résulteraient, selon nous, et la première partie de notre tâche sera accomplie.

Le but, la Commission départementale ne le dissimule point.

Elle veut, en diminuant la différence entre le prix de revient du pain et le chiffre de vente établi par la taxe, *diminuer les charges du Trésor public*.

Il eût été plus séduisant peut-être de ne mettre en avant que le désir de venir en aide à la majorité des consommateurs ; mais on eût été moins vrai et on eût éprouvé plus d'embarras peut-être pour établir que la réforme projetée tournera sérieusement à leur profit.

Nous ne craignons pas de dire qu'en matière d'alimentation, quand il s'agit du département de la Seine, le devoir le plus impérieux prescrit aux administrateurs, non pas de se préoccuper en première ligne de l'intérêt financier, mais de l'avantage du consommateur qu'il est utile de ménager avant tout.

La susceptibilité de goûts du consommateur parisien, dont le pain est le principal aliment, est trop connue pour que nous ayons rien à vous apprendre de nouveau sur ce sujet.

Quant aux moyens à employer pour arriver à l'établissement des boulangeries-meuneries, il est évident qu'on ne peut opérer qu'avec des capitaux importants, considérables.

La dépense est certaine, si le résultat est douteux.

Sera-ce des agents de l'administration qu'on mettra à la tête de ces établissements ? Adieu l'économie ! Ce ne serait d'ailleurs que l'application de certaines utopies dont de mauvais jours ont révélé l'existence à notre pays.

Il sera toujours d'un gouvernement sage de laisser à des particuliers, que le besoin de gagner leur vie rend plus complaisants et plus actifs, la part d'impopularité qui revient nécessairement à celui qui débat avec les masses des intérêts journaliers irritables.

Evidemment, on ne peut songer à l'organisation impossible d'une administration chargée de telles attributions. Le désordre, nous ne voulons pas dire les dilapidations, feraient promptement justice du système.

Ce sera donc à des particuliers que l'on confiera l'établissement et l'exploitation des boulangeries-meuneries.

C'est en nous plaçant dans cette hypothèse que nous allons vous signaler les nombreux inconvénients et les difficultés qui surgiraient, le cas échéant.

Et d'abord, est-ce un progrès que la réunion dans une même main de deux industries différentes ?

Nous répondons : Non, en invoquant l'exemple de ce qui se passe tous les jours.

Plus nous avançons dans la voie des améliorations, et plus

nous voyons que les fonctions se divisent, que les attributions se localisent, que les industries s'individualisent.

C'est au berceau des civilisations, c'est dans les pays en dehors du mouvement social qu'on voit les individus exercer plusieurs métiers à la fois.

Au surplus, l'exploitation de ces deux métiers réunis exigerait une mise de fonds considérable.

Les capitalistes seuls pourront aspirer à exercer à leur profit le cumul des deux industries.

M. le ministre voit d'ici les conséquences.

Ou la concurrence des boulangers continuant à vivre à l'abri du décret de S. M. l'Empereur, tuera les boulangeries-meuneries, ou les boulangers-meuniers l'emporteront sur les simples boulangers.

Dans la première hypothèse, on aurait fait un essai inutile, coûteux, et apporté une perturbation profonde à une industrie honnête et digne de la protection du gouvernement qu'elle chérit.

Dans la seconde, de nombreuses familles seront réduites à la misère, et la volonté protectrice de S. M. l'Empereur, exprimée par le décret du 1er novembre 1854, aura été éludée au bénéfice de capitaux peu accessibles au dévouement et à la reconnaissance.

Est-ce nous qui devons signaler le danger d'une pareille situation, si elle pouvait exister ?

Ne vaut-il pas mieux, non-seulement dans un intérêt d'humanité pour nos familles, mais dans un intérêt plus élevé, compter sur les bons sentiments de près de douze cents pères de famille qui sont attachés à l'ordre et à la paix publique, parce que l'ordre et la tranquillité de chaque jour, c'est pour eux le pain du lendemain ?

La Bourse a monté le lendemain de Waterloo. Est-ce exprimer une crainte chimérique que de dire que les boulangeries-meuneries, centralisant entre les mains d'un petit nombre d'individus l'alimentation du département de la Seine, pourraient devenir, dans un jour de malheur, un périlleux instrument politique ?

La centralisation qu'on veut opérer (car c'est à cette condition seule qu'on pourrait réaliser d'insignifiantes économies) réduirait d'ailleurs à un petit nombre, peut-être même à un seul, les établissements de débit de pain.

Un incendie ou tout autre accident de force majeure aurait pour résultat d'inquiéter, d'agiter, peut-être même de soulever la population de Paris, qui veut avec raison la sécurité de son approvisionnement.

Du reste, si l'économie est le but qu'on veut atteindre, la Commission départementale, qui commence par demander un emprunt de quarante millions pour y arriver, sera trompée, nous le croyons, dans ses espérances.

On ne se met point boulanger par enthousiasme.

Presque tous les boulangers (nous pourrions dire tous) sont d'anciens ouvriers qui ont voulu changer et améliorer leur position.

Il est sans exemple qu'un homme aisé et pouvant faire autre chose, se sente spontanément entraîné par son goût vers cette profession difficile et ingrate.

Nous ne nous tromperons donc guère en affirmant que les capitalistes qui voudront prendre à leur compte les boulangeries-meuneries, ne se sentiront attirés vers cette industrie que pour réaliser des bénéfices importants.

Ils seraient nécessairement pris sur la Caisse de la boulangerie ou sur le public : car il est constant que, pour entrer dans une poche, l'argent doit être sorti d'une autre.

Toutes les fois que dans cette question l'intérêt du public se présente à l'esprit, il est impossible de ne pas le voir froissé, compromis.

Avec le système actuel, le consommateur qui n'est pas content d'un boulanger en change sans difficulté. Leur nombre les rapproche tellement l'un de l'autre, qu'il n'a qu'un pas à faire pour trouver où bon lui semble et sans perte de temps son aliment essentiel (1).

D'un autre côté, le public trouve actuellement chez les boulangers le crédit dont il a besoin.

Le chiffre de nos crédits est énorme, ainsi que M. le Ministre peut s'en assurer.

La concurrence fait une obligation aux boulangers d'être très tolérants sur cet article, parce qu'ils savent qu'un crédit refusé, c'est une pratique perdue au bénéfice du voisin.

Les boulangeries-meuneries agiront-elles de même ? C'est au moins douteux.

Le produit des capitaux engagés pourrait en souffrir, et des actionnaires n'entendraient pas facilement raison sur des dividendes amoindris par les inspirations de la philanthropie. Car, maîtres de la place, les boulangers-meuniers n'auraient pas besoin d'avoir pour la clientèle les égards qu'elle trouve actuellement chez nous.

De plus, s'il survient une crise, une grève par exemple, nous savons aujourd'hui remplacer au besoin nos ouvriers. En 1849, les boulangers ont prouvé que, grâce à la division du travail et à la multiplicité des établissements, il leur était facile de vaincre les difficultés créées par la coalition des ouvriers, parce qu'il en est peu parmi eux qui ne puissent faire la besogne des garçons boulangers.

Les boulangeries-meuneries, avec leur organisation, leur

(1) « Quelques membres auraient désiré porter à 2,000 habitants « la moyenne de chaque four, afin de diminuer la masse des frais « généraux, et, par suite, le prix de revient du pain ; mais la majo- « rité, tout en admettant la justesse de cette théorie, a pensé qu'on « devait, dans son application, prendre en grande considération les « droits existants, les intérêts engagés et les besoins des populations, « *de manière à ne pas éloigner le consommateur du fournisseur pour* « *une denrée de première nécessité.* » (Rapport de M. Victor Foucher sur l'organisation de 1854.)

immense personnel accessible à toutes les séductions du dehors, résisteraient-elles à une pareille épreuve ?

S'il nous fallait relever tous les faits fâcheux que l'abandon du système actuel pourrait occasionner, nous abuserions, Monsieur le Ministre, de votre attention.

Vous trouverez, dans d'autres documents émanés de la boulangerie ou de l'administration, des détails pratiques et des raisonnements que les bornes de ce Mémoire nous obligent d'exclure.

Il nous est cependant impossible de ne pas signaler à votre sagesse une considération de l'ordre le plus grave, sur laquelle les administrateurs et les gens du métier ont toujours été d'accord.

Nous voulons parler de la nécessité de fournir au peuple de Paris une alimentation de qualité supérieure, et de son exigence à cet égard.

Ce besoin est satisfait aujourd'hui.

La concurrence entre les boulangers limités se fait sur la qualité des produits. On ne peut nier cette vérité.

La boulangerie de la Seine fabrique non-seulement le meilleur pain de la France, mais de l'Europe entière (1).

Il a toujours été impossible de triompher de ces habitudes de luxe dans le pain.

L'exposé même des motifs du projet de loi qui a donné naissance à la discussion actuelle le reconnaît.

Laissons-le parler.

« Il y a quarante ans, dans un rapport au roi Louis XVIII,
« sur une disette de deux ans que l'occupation étrangère
« rendait bien autrement douloureuse pour la France, un
« éminent ministre, M. Laisné, parlait des ménagements dus

(1) Un tableau, publié récemment par le *Moniteur*, a prouvé que cette année Paris était la capitale de l'Europe où le pain s'est même vendu au prix le moins élevé.

« à l'habitude prise à Paris de ne manger que du pain « blanc... »

En effet, en vain à différentes époques on a tenté d'accréditer et de remettre en honneur le pain de deuxième qualité. En vain on a remplacé le nom de *pain bis* par un nom moins mal sonnant, on n'a même pas pu le faire adopter par les pensionnaires des comités de bienfaisance, qui, dégoûtés de ce pain, transigeaient pour obtenir du pain blanc avec vingt et vingt-cinq centimes de retour.

C'est ce préjugé, si l'on peut appeler préjugé le désir légitime de manger de bon pain, qui a causé récemment l'insuccès du pain au riz et de toutes les autres compositions de ce genre.

L'administration de la guerre elle-même est de l'avis du peuple sur ce point, puisque les soldats sont autorisés à acheter du pain blanc pour faire la soupe.

Nous croyons, quant à nous, qu'il sera impossible aux boulangeries-meuneries d'arriver à la perfection actuelle.

Les farines fabriquées par elles étant consommées sur place et ne subissant pas l'épreuve de la concurrence et du grand jour des marchés, seront nécessairement moins bonnes. Et s'il en était autrement, le but qui est, comme on sait, l'économie, serait évidemment manqué.

Qu'adviendra-t-il ?

Que le consommateur, froissé dans ses habitudes, au lieu de se contenter de changer de boulanger, fera remonter son irritation jusqu'aux auteurs du nouveau système.

Oui, nous ne craignons pas de l'affirmer, accueillies d'abord avec enthousiasme, comme on accueille tout ce qui est nouveau en France, à peine notre ruine consommée, les boulangeries-meuneries, à moins de faire comme nous, et, par suite, avec autant de frais, verraient s'élever contre elles la juste réprobation des masses.

Mais ces grands établissements, où les mettra-t-on ?

Dans Paris ou hors Paris ?

Au prix de quels frais d'installation ?

C'est là une série de questions que nous n'avons point à résoudre, mais que doit se faire l'administration.

Le moment, pour porter ce coup à notre industrie, est d'ailleurs mal choisi.

Une innovation de ce genre ne peut qu'inquiéter le commerce particulier et arrêter les importations de grains en France.

Si l'administration veut tout faire, le commerce, découragé, restreindra ses opérations.

Elle se trouvera donc abandonnée à ses propres ressources, et l'on verra si le gouvernement de notre Souverain s'est trompé, quand il a déclaré, par la voix du *Moniteur*, au début de la cherté actuelle, qu'il fallait compter sur le commerce pour notre approvisionnement et ne pas l'entraver.

Depuis son organisation, a-t-on vu la boulangerie rester au-dessous de ses devoirs ?

Nous avons traversé des moments difficiles. Le peuple a supporté avec patience et résignation ces difficultés. Il a eu le bon sens de n'en accuser ni la boulangerie ni le gouvernement.

Il est douteux qu'il soit aussi tolérant à l'égard des compagnies, dont les opérations sur une grande échelle attireront davantage ses regards et exciteront plus facilement son animosité.

Il ne sera que trop porté à leur attribuer la cherté, et il se plaindra qu'on ait bouleversé ce qui existait pour n'améliorer en rien sa situation.

C'est ce qui arrivera encore si, par quelque circonstance imprévue, l'approvisionnement de la capitale et de la banlieue se trouve compromis.

Aujourd'hui, à moins d'interruption forcée des communications, à moins d'accidents tels que ceux qui viennent de frapper nos malheureuses populations du Midi, la place de Paris est toujours suffisamment approvisionnée. Le meunier qui a contracté avec les boulangers des engagements, est obligé de rechercher des grains partout où il y en a, même à l'étranger.

Il y a nécessité pour lui d'avoir toujours en disponibilité une certaine quantité de marchandises.

Cette nécessité même et le besoin de travailler sont une sûre garantie d'approvisionnement pour le département.

De plus, comme il est en relation directe avec le producteur et qu'il peut facilement se rendre compte du produit des récoltes de chaque rayon, il fait avec la plus grande économie les achats nécessaires aux besoins de son usine.

Ce que la meunerie est intéressée à faire au meilleur marché possible, les représentants d'une administration centrale le feraient-ils avec autant d'intelligence et d'économie? Evidemment non.

Obligés d'attendre la culture sur place, ils en subiraient les exigences ; et si les voies de communication devenaient par hasard impraticables et que la circulation fût temporairement entravée, le vide de leurs magasins pourrait mettre en péril la consommation de la ville et de la banlieue.

Telles sont, Monsieur le Ministre, les raisons qui nous donnent le ferme espoir de voir repousser définitivement tous ces projets alarmants qui ne trouvent de consistance que dans la gêne du moment.

Une année d'abondance suffirait pour en faire justice : ce n'est pas une cherté passagère qui doit déplacer les principes et faire triompher les erreurs.

Toutes les expériences nouvelles qu'on a voulu faire n'ont abouti qu'à donner tort aux novateurs.

Il arriverait sans doute cette fois ce qui s'est déjà produit ; mais les expériences nous coûtent cher. Elles causent toujours parmi nous une perturbation profonde, nous le répétons, et nous avons accompli un devoir sacré en nous faisant l'écho des craintes de nos confrères. . . . . »

Les syndics :

A. Bonin, Navez, Gautheron, Meurdefroy, Lamarre, Santerre, Perret, Larue, Saillenfait, Deyrolle.

Après avoir lu ce qui précède, nous nous sommes demandé s'il était nécessaire d'entrer en réfutation; car, aux yeux du bon sens, cette élucubration se réfute d'elle-même. Aussi, ne l'avons-nous considérée que comme occasion d'exposer de nouveau les données principales d'un mode plus rationnel d'où nous espérons voir sortir enfin toutes les améliorations dont s'agit.

Félicitons d'abord l'administration publique d'avoir envisagé la question au véritable point de vue, *économie de fabrication*. Tout est là, effectivement, et quoi que l'on fasse, nous l'avons déjà dit (1), on ne trouvera point la solution ailleurs.

Les gens de l'ancien régime l'ont tellement bien senti, qu'ils s'en sont profondément émus, et les vacuités de leur plaidoyer, tout empreint de tristesse, nous montrent bien qu'ils n'ont pas un bon argument à opposer au progrès qui se prépare; aussi les auteurs du Mémoire au ministre se sont-ils bien gardés de poser des chiffres à l'appui de leurs allégations.

(1) *Presse* du 10 février 1856.

Pourquoi n'avoir pas mis en parallèle les frais de l'ancienne méthode ou routine que l'on voudrait maintenir avec les frais de travail d'un établissement faisant la farine et le pain? Pourquoi donc n'avoir pas ainsi fait reculer les novateurs devant une démonstration mathématique, au lieu d'évoquer les fantômes des *mauvais jours* et d'aller rechercher *Waterloo*, complètement étranger au débat?

C'est que la démonstration chiffrée n'est point à l'avantage de la vieille manutention. Nous allons en donner les preuves, établies par des autorités que le Syndicat ne pourrait, de bonne foi, récuser.

Dans le journal *le Pays* du 30 octobre 1855, nous lisons :

« .... Si le même établissement (*meunier*) se faisait en « même temps *boulanger*, il pourrait incontestablement « vendre le pain à sa valeur la plus normalement basse, « puisque, achetant directement, il aurait pour lui le *revenu* « *des intermédiaires*, traficants ou fabricants. Or, pour ces « derniers, il résulte d'expériences faites par une commis- « sion ministérielle que, pour panifier et cuire un sac de « farine de 157 kil., les frais s'élèvent à 8 fr. 63 c., et qu'à « ce compte la boulangerie gagne 6 fr. 27 c.

« Dans un travail contradictoire fait par les boulangers, « les mêmes frais sont portés à 11 fr. 35 c., soit, pour un « sac coûtant 60 fr., 30 0/0 du prix d'achat.

« Mais les estimations sont *exagérées au détriment du con-* « *sommateur*. Il a été établi, en effet, qu'à la boulangerie de « Scipion, pour manutentionner et cuire un sac de farine, « la dépense n'était que de 5 fr. 07 c., non compris, il est « vrai, la location de l'usine estimée par un homme compé- « tent à moins de 1 fr.

« Il reste donc de la marge, comme on le voit; et, sans

« pousser plus loin ces calculs, ce qui serait facile, nous « nous résumerons en disant qu'un établissement de ce « genre, cumulant les bénéfices de ces deux grandes indus- « tries disséminées, lesquels sont au minimum de 30 0/0 « ensemble, pourrait faire profiter la consommation d'au « moins 15 à 20 0/0. Il lui resterait encore assez, sans « compter les mille et un bonis de détails qui profitent aux « entreprises bien menées, par rapport même à la seule dif- « férence des frais généraux.....

« Ce que nous demandons n'est pas autre chose d'ailleurs « que ce qui se fait dans certaines manufactures : à Lyon, « à Sédan, à Elbeuf, à Mulhouse, à Rouen, etc. Ces établis- « sements n'achètent-ils pas la matière première pour la « nettoyer, la filer, la tisser, la teindre, l'apprêter, en un « mot, pour la convertir et la vendre à des prix dont le bon « marché étonnant vient d'être révélé, pour certaines par- « ties, par l'organisation de la galerie économique à l'Expo- « sition universelle.

« Les industries représentées à cette galerie ne sont pas « restées stationnaires comme l'ont été jusqu'à ce jour la « meunerie et la boulangerie surtout. C'est qu'elles n'ont « pas craint d'appeler à leur aide la mécanique et la va- « peur.....

« *Signé* : AUG. JOURDIER. »

Autre extrait du même journal, du 14 novembre 1855.

« .... *Les frais qui grèvent le blé depuis sa sortie du gre-* « *nier de la ferme jusqu'à son arrivée, à l'état de pain, sur la* « *table du consommateur sont trop considérables*, avons-nous- « dit, et *c'est sur ces frais qu'il faut économiser*. Nous ne « voyons pas de contestation possible à cet égard. Peut-il y « en avoir sur le fait capital qui nous sert de base?

« Pour s'en convaincre, qu'on veuille bien faire avec nous « l'expérience suivante : Étant donnés, 100 kil. de blé,

« pour 1 fr. 50, 2 fr. au plus, on les fera moudre convenablement ; moyennant le même prix, n'importe quel boulanger transformera les produits panifiables en pain de telle qualité qu'on aura voulu ; on acquierra dès lors la conviction que, pour moins de 5 fr., on aura pu soi-même faire faire de blé farine et pain, en tenant compte à part des issues, des déchets, des déplacements, etc.. etc., et cela tout en agissant dans *les plus mauvaises conditions possibles, celles de l'effort individuel disséminé*.

« On se demande alors comment il se fait que cet écart, qui n'est ici que de 5 fr., soit dans la pratique de 7 à 8 fr., et on touchera la question du doigt, comme M. le Préfet de la Seine a pu le constater dans les conditions que voici :

« Il a fait rechercher à la boulangerie centrale des hospices quel était le chiffre des frais de main-d'œuvre qui grèvent le pain. Bien que cet établissement soit organisé pour produire le double de ce qu'on y fabrique et que, par conséquent, les frais généraux invariables augmentent la répartition d'autant sur 10,000 kil. de pain par jour au lieu de 20,000 qu'on pourrait faire, on a trouvé que ces frais de production ne dépassent pas 4 fr. pour 100 kil., tandis qu'il en est alloué le double à la boulangerie privée.

« D'après un important Mémoire dont nous avons l'épreuve sous les yeux (dit M. Jourdier), cette expérience aurait démontré qu'en opérant sur les 20,000 kil. possibles les frais descendraient à 3 fr. et même peut-être à 2 fr. 50 c.

« Mettons en regard maintenant un calcul de même origine que chacun peut vérifier facilement, puisqu'il s'appuie sur les prix récents de nos blés au 30 octobre dernier.

« On trouve qu'à cette date 100 kil. de blé, achetés 47 fr., ont rendu :

« 1° 69 0/0 de farine blanche, ayant produit 91 kil.

« 798 de pain blanc à 58 c. le kil., soit déjà. 53 fr. 24 c.
« 2° 6 0/0 de farine bise, ayant donné
« 7 kil. 981 de pain bis à 50 c., soit. . . . 3 99
« 3° 19 0/0 de son à 10 fr. les 100 kil.,
« soit. 1 90
« Le déchet étant estimé 6 0/0, il reste bien
« un total en argent de. . . . . 59 fr. 13 c.
« C'est-à-dire un écart de 12 fr. 13 c.

« Voyons l'importance de ces chiffres à un point de vue « plus général. Nous trouvons que la transformation en fa- « rine de 100 kil. de blé, soit le travail d'une paire de « meules pendant une heure et demie et celui d'un mitron « pendant deux heures, coûte 12 fr. 13 c., alors qu'elle « pourrait coûter moins du tiers, ce qui ne constituerait rien « moins pour le consommateur qu'une économie de 7 à « 9 centimes par kilogramme de pain ! Or, à 750 grammes « par tête, la consommation étant de 27 millions de kil. par « jour, il est facile de juger par là de l'économie qu'il « y aurait à réaliser dans le cours d'une année.....

« *Signé :* Aug. Jourdier. »

Après avoir ainsi tracé rapidement les données de la réformation dont s'agit, M. Jourdier l'a exposée d'une manière plus étendue dans le *Journal des Economistes* du 15 décembre 1855, sous ce titre : De la Possibilité de dégrever le prix du pain d'une manière constante par l'économie de main-d'oeuvre, résultant de la RÉUNION de la meunerie a la boulangerie et de l'emploi des appareils perfectionnés. Nous y renvoyons, au besoin, MM. les Syndics de la banlieue et toutes les personnes désireuses de connaître la vérité à ce sujet.

Ces remarquables études d'un homme aussi compétent sur tout ce qui tient aux industries agricoles, sont venues confirmer ce que nous avons avancé en ces termes dans la *Presse de la Banlieue* en décembre 1853 :

« La mouture et la panification, portées au plus haut de-
« gré de perfection par l'emploi de meilleurs procédés,
« *mécaniques* et autres, améliorant les produits..... travail-
« lant plus économiquement, contribueront aussi bien puis-
« samment à atteindre ce but (le bon marché), surtout lors-
« que ces diverses opérations seront *exécutées ensemble,*
« *dans une même usine*, le meunier se faisant boulanger sans
« subir l'influence d'une foule d'intermédiaires inutiles... »

MM. les Syndics de la banlieue feront bien de lire aussi les propositions d'un avocat, propriétaire en la ville d'Aix (Provence), ayant pour objet de transformer la boulangerie en cette ville, propositions appuyées de calculs fort intéressants, rapportés tout au long dans les *Annales de la Bourse* des 26 avril et 3 mai 1856 (1); nous recommandons également à leur attention (entre autres publications de ce genre), une Notice imprimée à Périgueux, en 1855, chez Aug. Boucharie, dans laquelle nous lisons ce qui suit :

« En réunissant en une même usine toutes les opérations,
« mouture, blutage, pétrissage et cuisson, on trouve des
« avantages jusqu'alors impossibles par ces manipulations
« isolées ; avec cette nouvelle disposition, l'achat des blés
« se fait directement dans les greniers des propriétaires aux
« meilleures conditions de prix et de qualités. — Ces blés
« sont portés directement à l'usine ; ils y entrent en grains
« par une porte et en sortent, par l'autre, convertis en
« pain. — De sorte que, dans ce court trajet, sous le même
« toit, ils ne rencontrent personne pour les échanger, les

(1) Note A.

« mélanger, les altérer dans leur qualité ou leur faire subir,
« à la mouture, un déchet trop considérable. Au sortir de
« cette manutention, ils vont alimenter le consommateur
« sans avoir subi tous les faux frais qui les grèvent dans la
« boulangerie ordinaire, et font jouir celui-ci du bénéfice
« qui résulte indubitablement de la concentration du tra-
« vail, substituée à son éparpillement, et (surtout) de la
« *suppression de tous les intermédiaires parasites* qui se pla-
« cent continuellement entre le producteur du grain et le
« consommateur. Tel est le secret d'avoir du bon pain et
« au meilleur marché possible !

« *Signé* : S. LACOMBE,

« *Conseiller de Préfecture* (1). »

Il importe de remarquer que les avantages ainsi reconnus par MM. Jourdier, Lacombe et autres économistes, ont été constatés par l'effet du simple *rapprochement* de la mouture et de la boulangerie, tel qu'on l'a essayé plus ou moins heureusement, à Lyon, à Nantes, à Metz, à St-Servais, au Havre, à Reims, à Orléans, à Quimper, à Chambéry, à Trieste, où, selon le journal *le Pays*, la concentration du travail permet de faire *mieux et à meilleur marché*.

Mais, en vertu de cette loi du progrès continu qui tend à l'emploi de plus en plus général de la mécanique pour remplacer le travail des bras, nous n'en sommes déjà plus réduit à ce simple rapprochement ; l'on a fait mieux que de rapprocher la meunerie et la boulangerie, l'on en a *uni* et pour ainsi dire marié les appareils : de sorte qu'*un foyer unique chauffe une chaudière qui produit la vapeur, dont la force ac-*

(1) Note B.

tionne le moulin, le bluttoir, le pétrisseur et autres accessoires, et, par une déviation de calorique provenant de ce même foyer, deux fours superposés se trouvent chauffés du même coup et de manière à pouvoir opérer la cuisson continue avec une bien minime dépense, eu égard à la quantité de pain obtenue (1).

Pour le peu que l'on puisse ajouter à ce dernier mode, nous pourrions y voir exécuter toutes les opérations, depuis le battage du blé jusqu'à la fourniture du pain, sans que la main de l'homme ait touché la matière, ainsi que cela se pratique chez Devinck pour la fabrication du chocolat.

Et maintenant, que reste-t-il de l'argumentation stationnaire de MM. les syndics des Boulangers de la banlieue? « Les Boulangers (dit-on), qui ont déjà trop

(1) Pour l'intelligence de la question, résumons, par gradation, les différentes manières d'opérer :

1er *Mode :* La Meunerie exploitée en particulier et la Boulangerie de même, avec une foule d'intermédiaires plus ou moins parasites ;

2e *Mode :* Meunerie et Boulangerie placées sous une même gestion, mais travaillant encore sans relations mécaniques ; suppression des intermédiaires commerciaux ;

3e *Mode* : Réunion des appareils mûs par la *vapeur produite par la chaleur perdue des fours...*

Ce moyen, tel qu'il a été essayé, pèche par la base ; — il n'a pu donner aucuns résultats satisfaisants ;

4e *Mode* : Réunion des appareils, mûs par la *vapeur produite par le chauffage direct de la chaudière et fours chauffés par la chaleur déviée convenablement du foyer...* Plus d'intermédiaires onéreux.

Ce mode, le seul rationnel, présente tous les avantages économiques désirables. C'est dans ce dernier système, sauf les progrès à venir, que nous trouvons la solution.

« à faire pour exercer leur industrie laborieuse, de-
« viendraient en outre meuniers. Obligés d'être cons-
« tamment à leur *boutique* pour le service de la clien-
« tète, ils devraient néanmoins parcourir les marchés
« et les pays de production pour y acheter le blé.
« Première difficulté. »

Aux hommes qui sont, à ce point, rivés dans la *boutique*, il n'y a point, en effet, grand espoir de faire entendre le langage du progrès; et ces esclaves nommés mitrons, que nous entendons gémir comme des damnés dans ces caveaux profonds et infects, sont-ils aussi tellement amoureux de cette glèbe, qu'ils ne voudraient à aucun prix la quitter? J'en vois un cependant qui cesse de battre sa pâte, qui s'essuie le front du coude et qui prête l'oreille vers le haut, d'où descend un faible courant d'air... Qu'est-ce? — La voix du génie de l'industrie qui lui crie : « Ecoute,
« lève-toi. Sèche tes sueurs, revets tes habits et re-
« monte au grand air. Regarde là-bas, c'est un pé-
« trin qui marche, agitant ses *bras de fer*, poussés
« par cette puissance qui eût aussi ses détracteurs;
« désormais, cessant d'être machine toi-même, tu
« seras le guide de celle-ci, et au lieu d'exténuer ton
« corps, tu exerceras ton intelligence au service des
« améliorations qui sont le fruit de l'*idée*... tu seras
« redevenu homme! »

Tel est, en effet, le sens et la portée de la réforme qui s'élabore de nos jours et dont nous constatons avec satisfaction la marche graduelle, que n'arrêteront point les doléances du genre de celles auxquelles nous répliquons.

L'administration publique ayant enfin abordé résolument la question d'*économie de fabrication,* ne peut se laisser arrêter par l'incurie qui réclame le *statu quo*. L'intérêt des consommateurs ne peut être plus longtemps sacrifié à une routine déplorable. Nous avons confiance que cet état de choses va bientôt changer.

C'est en vain que l'on pourra s'écrier que « la vo-
« lonté protectrice de S. M. l'Empereur, exprimée
« par le décret du 1er novembre 1854, aura été élu-
« dée... » Si l'on veut parler du maintien de la *Caisse de la boulangerie*, nous dirons à notre tour que cette institution n'a de craintes qu'à l'endroit de l'agiotage qui paralyse toute idée généreuse, et que la réforme proposée (réunion de meunerie et boulangerie) est seule capable d'en alléger les charges.

Les esprits logiques n'agissent point comme le prétendent les syndics de la banlieue : que les auteurs du Mémoire en question jettent, par exemple, les yeux sur les hauteurs de Montmartre, qu'ils se demandent ce que fait encore là ce vieux télégraphe immobile, et pourquoi on ne le voue pas au démolisseur? Tout beau, tout beau, Messieurs, vous ne voyez donc pas qu'il reste et restera là jusqu'à ce que son successeur électrique puisse répondre qu'il est en mesure de satisfaire à tous besoins, à toutes éventualités. De même font toutes les institutions sagement comprises; de même fera la *Caisse de la boulangerie* en présence du nouvel ordre de choses que nous appelons *Meunerie-Boulangerie* (1).

Les boulangers, *si occupés dans leur boutique*,

(1) Note C.

n'ont-ils jamais entendu la légende d'*Isaac Laquedem?* Leur ouïe n'a-t-elle donc jamais été frappée par cette grande voix qui nous crie à tous : *Marche! marche!* — Qu'ils marchent? sous peine de n'être bientôt plus que les débris d'un monde suranné !

Place au Progrès !

U.-J. Brasseur.

5 juillet 1856.

DEUXIÈME PARTIE.

Dans la première partie de ce travail, nous n'avons traité, du second mémoire des syndics de la banlieue, que le chapitre spécialement consacré à l'économie de fabrication. Comme tout est lié dans un exposé de ce genre, nous allons revenir sommairement sur les autres points principaux, et sur l'ensemble, bien que ce que nous venons de dire puisse bien suffire pour déterminer la voie qu'il convient de suivre pour atteindre le but désiré.

Notre résolution d'entrer ainsi dans certains développements et détails est fondée sur l'intention et l'utilité de venir en aide aux personnes qui veulent étudier à fond cette intéressante question d'alimentation par l'abaissement du prix de revient, et qui ne sont pas à même de faire toutes les recherches nécessaires pour s'éclairer suffisamment. Nous regrettons même beaucoup de ne point connaître le précédent Mémoire présenté par MM. les Syndics de la banlieue en février 1856. Espérons qu'il nous sera donné quelque jour de l'analyser aussi.

Ces manifestations officielles des organes de l'ancienne boulangerie ne sont pas les seules qui aient été produites en ce sens : Déjà certains champions étaient descendus sur la voie pour entraver ou fausser la marche de l'idée nouvelle; à ceux-là aussi nous avions dû dire notre mot, mais ces avocats d'une cause perdue n'étant point en mesure de la soutenir par un examen contradictoire, régulier, suivi, ont trouvé plus simple de se donner une apparence de raison en usant, à notre égard, de stratagèmes que la conscience et la logique n'oseraient avouer et qui impliquaient, de la part de leurs auteurs, l'impuissance notoire de s'en tirer par une discussion sérieuse et loyale (1). Avec ceux-là, nous avons un vieux compte à régler, non point pour le futile plaisir d'avoir raison personnellement, mais dans l'intérêt plus élevé de la masse des consommateurs, trop longtemps abusés.

Nous prévenons le lecteur que cette publication ne doit pas être considérée comme un traité méthodique de la question, mais seulement comme une ***provision de documents à consulter***.

Reprenons quelques passages des autres chapitres dudit Mémoire des boulangers de la banlieue :

« Un membre de la *commission municipale*, M. Victor Foucher, a constaté, dans le rapport fait au nom du comité
« spécial qui a élaboré le décret du 1er novembre 1854,
« qu'*à Paris la* DÉPENDANCE des boulangers est telle que
« sur 601, *il y en a 484 qui travaillent à cuisson*, c'est-à-dire
« *qui ne sont plus ou moins que des cuiseurs de pain !* »

SOUS LA DÉPENDANCE DE QUI ?

Il faut qu'on le sache.

C'est à MM. les Syndics à nous le dire, — sans réticence.

Nous leur demandons, sur ce point excessivement

(1) Voir ci-après : ***Fragments d'une contestation antérieure.***

grave, l'explication la plus nette et la plus formelle.

En attendant, voici un exposé, tracé en connaissance de cause, qui commence à faire assez bien la lumière pour remonter à la source d'une aussi fâcheuse situation :

Extrait du CONSTITUTIONNEL *du* 1er *février* 1856 :

« Le conseil municipal vient d'entreprendre à la boulangerie des hospices des essais pour la fabrication d'un pain qui doit tenir le milieu entre la première et la seconde qualité aujourd'hui en usage dans la capitale. Ces expériences ont un double intérêt : d'une part l'adoption d'un pain intermédiaire réduirait notablement les sacrifices que la ville s'impose pour les bons de différence. On sait que depuis le commencement de la crise la caisse de la boulangerie a déjà avancé plus de 40 millions, et que pour rentrer dans cette somme au moyen de la compensation, lorsque la taxe sera au-dessous de 40 centimes, il faudra un temps assez considérable. D'un autre côté, il y aurait certainement avantage pour les classes ouvrières à se procurer un pain taxé 8 centimes par kilog. au-dessous de la première qualité, et qui, avec une nuance un peu moins blanche, fournirait un aliment plus savoureux, plus substantiel.

« Ce problème, simple en apparence, préoccupe l'administration municipale depuis déjà plusieurs années, et n'a pu jusqu'ici être résolu par suite du *mauvais vouloir de la meunerie et de la boulangerie*. Dès 1846-47, il s'agissait de donner les bons de différence en pain de seconde qualité. Pour rendre cette mesure plus efficace, la manutention des hospices fut chargée de fournir aux boulangers des farines secondes de qualité supérieure. Que firent alors ces industriels? Ils mélangèrent ces farines avec celles de première qualité et en fabriquèrent du pain blanc. Ils achetèrent ensuite des farines inférieures pour le pain de seconde qualité, et ne fournirent ainsi qu'un aliment mal préparé et d'une saveur désagréable. Ces *manœuvres déloyables* ayant soulevé des plaintes générales, la ville fut obligée de donner du pain de première qualité, ce qui lui imposa une charge beaucoup trop lourde.

« En 1853, lors du retour de la crise, le conseil municipal voulait de nouveau imposer le pain de seconde qualité pour ses bons de différence. Des expériences furent faites; mais le pain fourni par les boulangers était si détestable, qu'il fallut encore y renoncer. La boulangerie parisienne, avec son monopole, est organisée spécialement pour faire des pains de fantaisie et du pain de première qualité. Ce sont ces sortes qui lui rendent le plus de bénéfices, tandis que le pain de seconde qualité lui laisse très peu de marge. C'est ce qui explique le *peu de soins* qu'elle met à le confectionner, et la sorte de répulsion qu'il inspire aux consommateurs. Les boulangers agissent donc comme les maîtres des grandes tables d'hôte, qui donne du vin ordinaire impotable, afin de forcer les convives à prendre des vins fins.

« Le conseil municipal n'a pas éprouvé une *résistance* moins *tenace de la part des meuniers* du rayon. Ceux-ci, installés pour faire des farines de nuance supérieure, celles qui leur donnent plus de profit, ne veulent pas, à l'exemple des boulangers, fabriquer des farines secondes assez bien conditionnées, et de l'extraction voulue pour donner un pain convenable. On sait que, pour les premières marques, l'extraction du son, des issues et des farines inférieures, a lieu sur le pied de 35 à 40 p. 100, et que, pour la troupe, l'extraction, fixée d'abord à 10, puis à 15 p. 100, a été, par un décret récent, portée à 20 p. 100. Il s'agirait donc de prendre un titre un peu au-dessus des farines de troupe, soit 25 p. 100 d'extraction pour le pain intermédiaire. Avec ces proportions, on obtiendrait un aliment qui serait très acceptable, même de la part de la petite bourgeoisie.

« C'est d'après ces bases que sont dirigées les expériences faites à la boulangerie des hospices, sous l'habile direction de M. Salonnes. N'espérant *rien du concours de la meunerie*, le conseil municipal a établi, dans un des bâtiments de la manutention, une paire de meules, mues par la vapeur, afin d'obtenir une farine propre à confectionner le pain intermédiaire. Ce moulin, exactement conforme à ceux du rayon, donne des farines *entières*, d'où on extrait en moyenne 25 p. 100 d'issues. Comme il n'y a qu'une seule paire de meules, il faut pour moudre les gruaux, un rhabillage particulier, ce qui retarde le travail ; mais les expériences n'en marchent pas moins avec succès.

« Pour bien se rendre compte des opérations, on a choisi quatre sortes de blés dont l'usage est plus habituel dans la capitale. Ce sont les provenances de Picardie, de Brie, de Beauce et de la Seine. Chacune d'elles a été moulue séparément et on en a extrait 23.70 d'issues p. 100. En d'autres termes, 100 parties de blé ont fourni 76.30 de farine ; chacune de ces farines a été panifiée à part, et les pains que nous avons goûtés avec soin se classent de la manière suivante par degré de blancheur et de saveur : n° 1 blé de la ferme de Sainte-Anne, pain supérieur en nuance et d'un goût parfait. On sait que cette ferme est exploitée par les aliénés de Bicêtre, et qu'elle est admirablement tenue ; n° 2 Beauce, nuance jaune, mais d'une saveur exquise ; n° 3 Brie, plus blanc que le Beauce, saveur parfaite ; n° 4 Picardie inférieur aux autres par la nuance et pour le goût. Ces quatre sortes de pain ont un arome appétissant. A mesure qu'elles vieillissent elles deviennent plus savoureuses, et se maintiennent dans un état très convenable. Après quatre à cinq jours, on les mange encore avec plaisir, tandis que *le pain de première qualité est immangeable le lendemain*. Il est alors dur, sec, sans aucune espèce de goût ni de saveur.

Sous ce rapport, le pain intermédiaire offrirait de nombreux avantages, puisque, à l'économie d'achat, il joindrait encore celle de ne jamais laisser de morceaux trop rassis, que l'on ne consomme pas, ce qui, dans les moments de disette, est une véritable perte.

« Mais la commission municipale ne s'est pas bornée à ces expériences. Elle a réuni dans une proportion égale les quatre sortes de blés et les a fait moudre; puis avec la farine, elle a obtenu un pain d'une nuance moyenne, mais bien supérieur aux autres pris isolément, quant au goût; c'est là un fait très remarquable déjà constaté dans les mélanges d'alcool de betterave et de Montpellier, qui donnent un résultat bien préférable aux deux autres.

« Ainsi le problème est bien près d'être résolu théoriquement. Il faudra ensuite que le peuple et la bourgeoisie reconnaissent les avantages réels du nouveau pain et qu'ils l'acceptent sans se faire prier. Malheureusement, à Paris, on est beaucoup trop accoutumé à tout sacrifier à l'apparence et à laisser le fond de côté. C'est, selon nous, une fatale erreur que de vouloir *obtenir la blancheur de la nuance au détriment du goût, de la saveur et des qualités nutritives*. Le pain intermédiaire, tel que nous l'avons mangé à la boulangerie des hospices, est mille fois préférable à celui que les boulangers nous vendent pour la première qualité. Les consommateurs ont donc tout intérêt à l'accepter.

« Maintenant que les expériences sont concluantes, *les meuniers* du rayon *persisteront-ils* à dire qu'ils ne peuvent fabriquer des farines de 23 à 25 p. 100 d'extraction, et *les boulangers se refuseront-ils* encore à confectionner du pain intermédiaire? Mais la meunerie aurait mauvaise grâce de ne point se prêter aux vues progressives du conseil municipal, et la boulangerie compromettrait gravement ses intérêts en poussant plus loin la résistance. D'abord *il pourrait se fonder des établissements mixtes fabricant à la fois le pain et la farine, ce qui serait une grave concurrence pour les deux industries isolées*. Ensuite, fermement résolu à ne point céder, le conseil municipal créera, s'il le faut, une boulangerie par quartier, ne faisant que du pain intermédiaire. Le monopole dont jouissent les boulangers, et qu'ils devraient s'efforcer de rendre le moins lourd possible, ne serait-il pas gravement menacé par l'établissement de nouveaux fours qui attireraient à eux la masse des consommateurs ? Nous engageons la boulangerie à réfléchir mûrement, et à ne pas compromettre, par une résistance désormais inutile, les intérêts de toute la corporation. »

« *Signé :* JACQUES VALSERRES.

Revenant à ces 484 boulangers travaillant *à façon*, nous sommes donc assurés que plus des deux tiers des *maîtres* boulangers de la capitale ne sont plus que des contre-maîtres, sinon moins que cela. Et quel intérêt ces 484 serviteurs de maîtres non désignés peuvent-ils avoir au maintien d'une telle situation ? Avec un peu de discernement, on aperçoit facilement que cette énonciation détruit à elle seule (à quelque point de vue qu'on l'envisage) toute la supplique bâtie avec tant d'efforts par MM. les Syndics de la banlieue. Car, en effet, si leur prière est exhaussée, le résultat ne peut être profitable à ces 484 malheureux, mais bien aux quidams qui les tiennent ainsi en *dépendance*.

Par pitié pour ces 484 victimes d'une position si critique, MM. les Syndics ne feraient-ils pas mieux de se joindre à nous pour les tirer de la servitude ?

Et comment pourrait-on espérer que la Boulangerie, en de telles mains, pût jamais réaliser la moindre amélioration profitable au consommateur, quand celui qui fabrique le pain est, à ce point, aux prises avec les préoccupations d'une position sans lendemain. Ce dont nous pouvons, à bon droit, nous étonner, en présence de ce fait, c'est que les abus ne soient pas plus considérables et les infractions encore plus multipliées. Telle est notre pensée, à l'honneur des 484.

Donc, pour toutes les raisons possibles, il est urgent de prendre les mesures que (pour nous servir des termes mêmes de la Commission municipale) « *les circonstances* EXIGENT. »

« En vain (dit le Mémoire des Syndics), à différentes époques, on a tenté d'accréditer et de remettre en honneur le pain de deuxième qualité; en vain on a remplacé le nom de pain bis par un nom moins mal sonnant; on n'a même pas pu le faire adopter par les pensionnaires des comités de bienfaisance, qui, *dégoûtés* (*sic*) de ce pain, transigeaient pour obtenir du pain blanc avec vingt à vingt-cinq centimes de retour.

« C'est ce préjugé (si l'on peut appeler préjugé le désir légitime de manger du bon pain) qui a causé récemment l'insuccès du pain au riz et de toutes les autres compositions de ce genre... (1). »

Voilà, nous le reconnaissons, l'argumentation qui donne le plus de force à cette plaidoirie de MM. les Syndics, mais, *qui n'entend qu'une cloche n'entend qu'un son;* nous aimons à croire que ce prétendu préjugé, entretenu avec tant d'artifice par ceux à qui il profite, ne tiendra pas longtemps, lorsque la lumière sera faite à cet égard.

D'abord, il ne s'agit point de réunir la meunerie à

(1) L'insuccès du pain au riz et d'autres compositions tient à des causes qui ne sont, certes, point des préjugés. Nous avons déjà discuté ce point dans le *Divan industriel*. Nous y reviendrons au besoin.

la boulangerie pour faire du pain de seconde qualité. Et avant tout, qu'entend-on par ces mots, *première qualité ?* La reconnaît-on exclusivement à la blancheur ! — Si telle est la prétention des boulangers et de leurs défenseurs, nous venons leur dire qu'ils sont dans l'erreur; laissant au lecteur le soin de rechercher si cette erreur repose ou non sur la bonne foi.

Nous croyons savoir que l'extrême blancheur n'est, au contraire, obtenue qu'au détriment de la qualité, soit au moyen de *sophistications,* soit par un *remoulage outré*, moyens qui, tout en blanchissant, appauvrissent la farine de ses principes nutritifs. Exemple, la comparaison de la farine de Bordeaux avec celle d'Etampes, ou encore, le parallèle de la mouture rustique avec ce qu'on appelle mouture *perfectionnée*... Ceci est l'avis de tous les hommes compétents et *désintéressés* que nous avons consultés sur cette partie.

Et si tant est que la population parisienne soit tellement attachée à ce pain, blanchi par des moyens frustrés et façonnés par des hommes nus, tout ruisselants de sueur, qu'elle ne veuille entendre parler, à aucun prix, d'une manutention moins *dégoûtante*, serait-ce une raison pour priver le *reste* de la nation des avantages d'une innovation qui se présente avec tous les caractères d'une bienfaisance générale tant au point de vue de l'hygiène que sous le rapport économique, — quoi qu'en disent MM. les Syndics de la banlieue, et leur *docte* corporation.

Mais la population de Paris, non plus que celle des autres localités, ne pourra persister plus longtemps à donner sa préférence aux aliments adultérés, une fois qu'elle aura pleine et entière connaissance des moyens subreptrices employés par un mercantilisme *adroit* pour *parer la marchandise*, au mépris de ce qui peut en advenir pour la santé et les intérêts du consommateur.

C'est à donner aux consommateurs les éclaircissements nécessaires pour apprécier cette situation que nous consacrons nos efforts, soutenus déjà par la satisfaction de voir l'administration publique marcher résolument à la recherche de la solution par les moyens rationnels.

Les instances de MM. les Syndics sont d'ailleurs une pétition désespérée; car, lors même qu'ils obtiendraient du ministère une décision formelle pour le maintien des *statuts* actuels de la Boulangerie, rien n'empêcherait l'industrie de réaliser la *combinaison* dont s'agit. Aucun article réglementaire ne s'y oppose, et le bon vouloir administratif est en activité pour hâter les améliorations.

La réforme en question ne sera donc retardée que juste le temps nécessaire pour éclairer l'opinion publique et instruire l'administration par une discussion suffisante; puis une pratique généralisée achèvera la démonstration et la preuve.

Le principe qu'on appelle *force des choses* est un grand maître!

U.-J. BRASSEUR.

15 juillet 1856.

A. *EXTRAIT du projet de réorganisation de la Boulangerie en la ville d'Aix* (Voir page 19.)

« . . . . . Le pain nous est vendu par trop de marchands. Chacun « d'eux, n'ayant qu'une vente très faible, il faut, pour pouvoir vivre, « qu'il en maintienne le prix élevé... La ville d'Aix renferme cin- « quante-six Boulangers qui emploient, chaque jour, environ dix « mille deux cent quarante kilogrammes de Blé. C'est moins de cent « quatre vingt deux kilogrammes par chaque boulanger. Vous allez « voir (dit l'auteur de ce travail), si, d'un si pauvre commerce, il est « possible d'attendre une diminution de prix.

« 182 kilogrammes de Blé produisent au boulanger, au maximum « de. 109 kil. des « farines de 1re qualité, donnant 140 kil. de pain. . . 36 — de « forme inférieure, donnant 49 kil. de pain, environ. . 37 — de « sons et issues, en tout 189 kil. de pain et 37 de sons, « recoupes, etc., etc.

« Quel peut en être le produit en argent ?

« Les 140 kil. de pain, 1re qualité, à 0 fr. 50 c., « vaudront.	70	»	89	60
« Les 49 kil. de pain inférieur, à 0 fr. 40 c. .	19	60		
« Les 37 kilog. issues à 14 p. 0/0.			5	60
« En tout.			94	78

« Voici maintenant la dépense :

« 1° Pour faire 189 kil. de pain, il faut au boulanger « un aide ; la journée des deux hommes. . . .	6	»	89	50
« 2° Pour une femme de comptoir.	2	»		
« 3° Loyer et contributions.	2	»		
« 4° Chauffage du four.	1	80		
« 5° Mouture du blé.	2	35		
« 6° Enfin, le prix de 182 kil. de blé, soit. .	75	35		
« Il n'y aura donc pour bénéfice que.			5	28

« Et c'est sur cette misérable somme qu'il devra prendre de quoi « fournir aux besoins de sa famille, parer aux éventualités et aux « pertes inhérentes à tout commerce.....

« La chose est donc évidente. Aussi longtemps que la fabrication « et la vente du Pain se maintiendront en d'aussi fâcheux errements, « il n'y a pas d'amélioration à espérer..... » (*Annales de la Bourse.*)

L'auteur de ce travail aurait en vue d'*associer tous les Boulangers* de sa localité pour établir la meunerie-boulangerie d'après les meilleurs moyens connus. Nous recommandons cette idée à MM. les Syndics de la banlieue.

B. *CALCULS basés sur les opérations de la* BOULANGERIE DES FAMILLES, *à Périgueux. — Extrait d'un rapport de* M. LACOMBE, *conseiller de préfecture*. (Voir page 20.)

« Évaluation d'une journée de travail en boulangerie, le blé étant « à 25 fr. l'hectolitre et le pain à la taxe correspondante de 35 c. le « kilogramme,

PRODUIT :

« 2,214 kil. de pain, à 35 c. le kilog . . .	704 90	864 90
« Son, petit son, résillon, à raison de 3 fr. « l'hect. sur 27 hect. manipulés.	81 »	
« Braise de neuf fournées, à 1 fr. l'une. . .	9 »	

A déduire :

« Pour frais de matières premières, main-« d'œuvre et autres.		
« 27 hect. blé-froment, à 25 fr. l'un . . .	675 »	758 45
« Mouture et blutage desdits, à 1 fr. 15 l'un .	30 05	
« Sel, 20 c. par hect.	5 40	
« Bois, 2 fr. par fournée, 9 fournées . . .	18 »	
« Ouvriers	12 »	
« Gérance et employés	10 »	
« Loyer, impôts, assurance, entretien, etc. .	8 »	
« Différence ou boni quotidien.		116 80

Cette Boulangerie opère par *Association des Consommateurs.*

C. *TABLEAU périodique des alternatives d'Abondance et de Disette à partir de l'année 1816, par M. le comte* HUGO.

PÉRIODES.	ANNÉES.	PRIX MOYEN de l'hectol. de blé.	
1re DISETTE. Six années.	1816	28	31
	1817	36	16
	1818	24	65
	1819	18	43
	1820	17	44
	1821	17	»
2e ABONDANCE. Six années.	1822	14	87
	1823	16	93
	1824	15	22
	1825	14	91
	1826	15	37
	1827	17	50
3e DISETTE. Cinq années.	1828	21	37
	1829	22	23
	1830	21	80
	1831	22	29
	1832	22	39
4e ABONDANCE. Cinq années.	1833	16	33
	1834	14	73
	1835	14	79
	1836	16	36
	1837	18	56
5e MIXTE. Cinq années.	1838	19	51
	1839	22	14
	1840	21	84
	1841	18	54
	1842	19	55
6e DISETTE. Cinq années.	1843	20	46
	1844	19	75
	1845	19	75
	1846	24	05
	1847	29	01
7e ABONDANCE. Cinq années.	1848	16	65
	1849	15	37
	1850	14	26
	1851	14	65
	1852	17	49

Ce document est extrait du Mémoire présenté en février 1854, au Conseil municipal de Nantes, par un de ses membres, M. DAGAULT, en vue de l'établissement d'une *Caisse de réserve pour la réduction du prix du Pain*, nous le rapportons ici pour montrer sur quels éléments repose l'*Idée* de la *Caisse de la Boulangerie*, dont nous avons dû parler incidemment. (*Voir page* 23.)

FRAGMENTS

D'UNE

CONTESTATION ANTÉRIEURE.

Gazette Alimentaire du 26 novembre 1855.

« Dans un article, le *Pain à prix modéré*, paru dans la *Presse* du 22 novembre, M. Brasseur préconise un nouveau système de *Meunerie-Boulangerie* reposant sur des données, en très grande partie inexactes, particulièrement à l'endroit de l'économie qu'il prétend obtenir de la main-d'œuvre.

« En attendant notre réponse, nous protestons dès aujourd'hui, contre les assertions et les calculs mis en avant dans cet article. Jusque là, il convient de se tenir en garde contre ces pionniers de fausse science pratique, — qui, pour la plupart, n'ont fait de Meunerie-Boulangerie que sur le papier.

« Le système (de réunion) ne paraît pas devoir s'écarter des anciens errements pour la mouture, — il n'a donc rien de neuf. *Ce qu'il a de* BON a dû s'inspirer de ce qui a, depuis longtemps, — été publié par différents économistes ; — moins les réformes et les innovations consignées dans les mémoires et écrits de M. Machet, — innovations et réformes reposant sur un principe rationnel, et qui, infailliblement, amèneront bientôt le véritable progrès économique en boulangerie, — solution si vainement recherchée de nos jours.

« Signé : Pawlowski. »

« Au moment de mettre sous presse, nous recevons une lettre de M. Bresson, ingénieur civil, qui a traité avec supériorité les questions économiques dans les grands journaux.— Ainsi que M. Machet, — M. Bresson s'élève contre les faux calculs de M. Brasseur..... L'article de M. Bresson paraîtra concurremment avec celui de M. Machet, — et la vérité ne pourra manquer de se faire entre ces deux hommes si compétents et si capables !

« Encore « signé : Pawlowski. »

« Paris, 28 novembre 1855.

Au Rédacteur de la Gazette Alimentaire

« Vous m'annoncez des contradicteurs, j'y comptais bien, voyant, à l'avance, quels intérêts se trouveraient froissés par les chiffres que j'ai mis en avant. Je ne sais quels arguments votre prochain numéro présentera pour contester des données que j'ai puisées à bonne source, mais je me crois assez bien renseigné pour pouvoir vous mander, sans plus attendre, que je maintiens l'économie de *vingt-neuf pour cent* résultant de la réunion de la Meunerie à la Boulangerie en une même usine.

« Le journal le *Pays* du 30 octobre dernier porte cette économie à trente pour cent, au minimum, vous aurez donc à réfuter aussi, si vous le pouvez, M. Auguste Jourdier, qui a posé ce chiffre ; et, croyez bien que M. Jourdier n'est point ce que vous appelez un de ces « pionniers de fausse science pratique... »

« Vos lecteurs trouveront dans ma NOTICE *sur la boulangerie économique* les calculs à l'aide desquels ce bénéfice de vingt-neuf pour cent est établi.

« Il convient de partir de cet écrit pour procéder méthodiquement dans la discussion, car je suppose que vous entendez vous livrer sérieusement à la recherche du *prix de revient réel,* question si intéressante pour le consommateur, trop souvent trompé jusqu'à présent.

« Ceci posé, j'attends vos communications.

« BRASSEUR. »

Gazette Alimentaire du 10 décembre 1855 (1)

« Nous constatons qu'à la lettre de M. Bresson répondant à l'article de la *Presse,* « *Le pain à prix modéré,* » lettre insérée par l'*Echo Agricole* et la *Gazette alimentaire,* nous constatons, disons-nous, que M. Brasseur..... n'a pas fait réponse. M. Machet n'a donc plus besoin aujourd'hui de protester contre les chiffres produits par M. Brasseur. M. Bresson les a percés à vif, avec sa logique impitoyable : c'était assez d'une massue.

« ..... Un économiste qui calcule ne doit produire de chiffres ni au dessus ni au dessous ; il doit être

(1) Les articles de la *Gazette Alimentaire* et de l'*Echo Agricole* sont rapportés ici dans l'ordre où ils nous sont parvenus. Cette classification a une signification dont il importe de tenir compte pour apprécier une manière de discussion toute commode.

carré, clair, défini comme un chiffre ; au delà, en deçà, il ne peut y avoir de vérité.

« Toujours signé : PAWLOWSKI. »

« Paris, le 11 décembre 1855.

A M. Pawlowski, rédacteur de la Gazette Alimentaire.

« J'ai bien reçu les numéros de votre journal du 26 novembre dernier et 10 décembre courant, — *mais point le numéro intermédiaire, ni le numéro de l'Echo Agricole* dont vous parlez, ce qui fait que je ne connais pas encore, à l'heure qu'il est, la réplique ou l'attaque faite par M. Bresson à mon article le « *Pain à prix modéré* » inséré dans la *Presse* du 22 novembre.

« Vous constatez (tout à votre aise) que je *n'ai pas fait réponse* aux allégations de M. Bresson ; c'est vrai, et vous pouvez noter que je n'y répondrai, s'il y a lieu, qu'après avoir pu en prendre connaissance. Or, ne deviez-vous pas, l'un ou l'autre, m'en faire part ?

« Si vous tenez à porter *loyalement* devant vos lecteurs un débat sérieux et utile, pourquoi donc avoir passé sous silence la lettre que je vous ai adressée à la date du 28 novembre, lettre qui posait logiquement les bases de la discussion — commencée par votre feuille?

« Vous devez savoir, Monsieur, qu'une discussion, pour être profitable, doit être suivie avec calme, dirigée avec méthode; — l'on n'y entre point à coup de *massue*, comme vous vous applaudissez d'avoir fait. — Laissons cette manière aux matamores!

« Je vous le répète, Monsieur le Rédacteur, c'est à vous que je dois répondre d'abord. Si vous n'insérez pas ma lettre sus-datée et celle-ci, je n'aurai plus rien à vous adresser directement. Je discuterai ailleurs que dans votre gazette la conduite de son rédacteur en chef et le singulier rôle qu'on lui fait jouer, — sous réserve de mes droits d'*exiger* insertion de votre part, si je le jugeais à propos.

« Quand à M. Bresson (votre *première massue*, comme vous le dites), il ne perdra pas pour attendre, et si je ne me sens pas trop anéanti par ce pourfendeur, je verrai même à exposer ma tête aux coups de l'*autre massue* que vous tenez en réserve, sans doute pour une meilleure occasion.

« L'idée de contribuer, pour ma faible part, à venir en aide à la classe nécessiteuse me donne force et courage.

« Servez, si cela vous plaît, avec vos auxiliaires ou vos patrons, les intérêts opposés!

« BRASSEUR. »

« Paris, le 14 décembre 1855.

« Monsieur le Rédacteur de l'*Écho Agricole*,

« Avant de lire votre numéro du 27 novembre, qui ne m'a été communiqué qu'hier, par voie indirecte, j'avais adressé diverses répliques à la *Gazette Alimentaire*, au sujet de ses articles concernant la Meunerie-Boulangerie, au point de vue de M. Bresson.

« Je laisse à M. Bresson le soin de vous communiquer mes dites lettres. S'il est loyal, il ne manquera pas de porter devant ses lecteurs un débat sérieux, sans tronquer des réponses, sous prétexte de les analyser, ou, ce qui est plus commode, les passer sous silence.

« Dès que M. Bresson se sera placé dans la discussion, *loyalement*, les erreurs grossières dont sa curieuse lettre du 23 novembre est remplie, n'abuseront pas longtemps le public. — Nous en ferons justice.

« Pour l'instant, M. le Rédacteur, je ne vous demande que l'insertion de ces quelques lignes dans votre prochain numéro, vous priant de vouloir bien m'en envoyer un exemplaire.

« Agréez, etc.

« BRASSEUR. »

N'ayant pas vu paraître cette dernière plus que les autres, nous avons jugé bon de nous adresser à M. Bresson lui-même, et de l'interpeller formellement au sujet de cette tactique. — C'est, nous devons le dire, sous le poids d'une certaine indignation que nous lui avons adressé une mise en demeure en ces termes :

« Paris, le 25 décembre 1855.

« Monsieur Bresson,

« Je ne me lasse pas d'admirer l'entrain, je pourrais dire le *brio* avec lequel vous entassez articles sur articles, en vue de prouver que la *réunion* de la Meunerie à la Boulangerie, en une même usine, n'est pas une chose avantageuse. Si ce n'est là le sens de vos observations, je ne leur en trouverais aucun. Vous direz si j'ai bien interprêté le *motif* qui vous sert de mobile en cette circonstance.

« A voir les erreurs dont votre polémique, je veux dire (avec vous) vos attaques sont fabriquées, je me demande où vous avez pu puiser ces curieuses données que vous déclarez infaillibles. Serait-ce dans ce travail qui vous a été confié, il y a environ trois ans, par un jeune homme n'ayant que l'idée confuse du mode qui nous préoccupe aujourd'hui, travail que vous deviez mettre en état pour le présenter à l'Empereur de Russie?

« Quoi qu'il en soit, nous avons vos élucubrations actuelles, que nous ne laisserons pas « sans réfutation. »

« Mais, avant de vous suivre dans l'imbroglio dont vous avez encombré les colonnes de l'*Écho Agricole* et de la *Gazette Alimentaire*, permettez-moi de vous demander pour quelles raisons vous ne produisez pas, sous les yeux de vos lecteurs, les lettres que j'ai dû adresser à ces journaux, en réponse aux attaques de M. Bresson, de M. Pawlowski et autres?

« Escobar a bien pu faire admirer son astuce, — à coup sûr l'on n'a jamais admis sa loyauté. — Est-ce en procédant de la sorte que vous comptez faire croire à la vôtre?

« Cette manière de procéder n'est pas nouvelle, nous le savons; et d'autres que nous ont eu à la mettre au ban de l'opinion publique. — Voici ce que disait, en pareil cas, l'illustre directeur du Conservatoire de l'industrie belge, en publiant sa *Solution de la question des brevets d'invention* :

« Nous sommes prêts (dit-il) à soutenir la dis-
« cussion et à recevoir toutes les corrections *ration-*
« *nelles*, pourvu que nos adversaires ne se procla-
« ment pas vainqueurs en refusant nos répliques,
« selon la trop grande habitude de certains journa-
« listes qui craignent de s'avouer vaincus aux yeux
« de leurs abonnés, et se réservent toujours le der-
« nier mot. »

« N'ai-je pas le droit, Monsieur, de vous appliquer, ainsi qu'à vos journaux, ce jugement d'un esprit aussi élevé que loyal?

« En attendant votre réponse, etc.

« BRASSEUR. »

Au lieu de se rendre à nos justes réclamations, M. Bresson n'a rien trouvé de mieux que de se retirer de la lice au moyen d'une échappatoire ainsi conçue :

« Paris, le 2 janvier 1856.

« Monsieur Brasseur,

« Il ne peut me convenir en aucune manière de discuter vos chiffres à huis clos, parce que je ne vois pas pourquoi je le ferais; je vous ai offert une discussion sérieuse, au grand jour de la publicité, acceptez-là si vous vous en croyez capable, autrement, restons-en là et continuons, chacun dans notre sphère, à instruire le public et à le tenir en garde contre toutes les erreurs qu'on voudrait accréditer.

« J'ai bien l'honneur de vous saluer,

« Signé : F. Bresson. »

Voilà les défenseurs des boulangers!!!

Nota. — Nous recevrons avec reconnaissance toutes les communications ayant pour objet de traiter le Sujet, dans l'intérêt général de la consommation, abstraction faite de toute entreprise particulière. — (Écrire franco.)

Paris,—Imp. Preve et Cie, r J.-J.-Rousseau, 15.

Paris.—Imp. Preve et Cie, r. J.-J.-Rousseau, 15.

www.ingramcontent.com/pod-product-compliance
Ingram Content Group UK Ltd.
Pitfield, Milton Keynes, MK11 3LW, UK
UKHW021519260726
13993UKWH00004B/1777